AF340884

NOTICE

SUR LE

CHARBON BACTÉRIEN

ET LA

VACCINATION PRÉVENTIVE

PAR

M. DESPRUNIÉE

Médecin-Vétérinaire à Bourg-Achard
Vétérinaire sanitaire du canton de Bourgtheroulde

Contactos artus sacer ignis edebat. (VIRGILE.)
Le feu sacré rongeait les membres atteints.

PONT-AUDEMER

IMPRIMERIE Vᵉ ERNEST DUGAS, GRANDE-RUE

1886

NOTICE

SUR

LE CHARBON BACTÉRIEN

ET LA

VACCINATION PRÉVENTIVE

La vaccination préventive du charbon symptomatique à laquelle j'ai procédé les 15 et 26 novembre derniers, nécessitait la publication de quelques données sur cette maladie, avant la vaccination; mais le temps m'ayant fait défaut, j'ai dû changer les rôles et force m'a été de « faire passer la charrue avant les bœufs.»

Le petit travail que j'entreprends aujourd'hui sort un peu du domaine de la pratique courante; aussi je commence par m'excuser près des lecteurs si je n'arrivais point à traiter le sujet comme il le comporte.

Les affections charbonneuses, divisées aujourd'hui en deux chapitres, en raison de la différence qui existe dans leur essence, ne sont point des maladies nouvellement connues, quant à leurs ravages. Si on parcourt les ouvrages des principaux agronomes latins, on y trouve quelques renseignements qui sont loin de préciser le charbon; mais avec un peu de complaisance, on pourrait, ce me semble, en déduire que l'affection qui nous occupe ne leur était point étrangère.

La description des symptômes est incomplète, c'est pourquoi j'ai dit que la complaisance devait jouer un certain rôle dans la traduction des textes.

Columelle *(de re rusticà)* parle d'une affection qu'il appelait *ignis sacer (feu sacré)*, et les auteurs contemporains semblent portés à croire que ce mal n'était autre que le charbon. Virgile lui-même, dans les *Bucoliques*, signale une maladie meurtrière à laquelle il a donné le même nom, et c'est du reste sur son texte que l'on se base pour traduire l'affection *feu sacré* par *charbon*.

MM. Arloin, Cornevin et Thomas, dans leur traité du *Charbon bactérien*, rejettent cette explication comme inexacte, parce que, d'après Virgile, la mort, dans le cas d'*ignis sacer*, survenait sous plusieurs formes : *nec via mortis erat simplex*. Loin de moi l'idée de faire de l'opposition à nos trois savants, mais je ne puis, à mon sens, douter que le même poëte a voulu désigner notre charbon bactérien, quand il a dit : « *Contactos artus sacer ignis edebat* », le feu sacré rongeait les membres atteints.

N'est-ce pas encore de cette affection que parlait Sénèque dans ces deux fragments de vers : « *Oculique rigent, et sacer ignis Pascitur artus* » ; les yeux deviennent immobiles et le feu sacré dévore les membres.

Jusqu'à preuve du contraire, nous admettrons donc que le charbon, et particulièrement le charbon symptomatique a été connu des anciens agronomes latins sous le nom de *Feu sacré*.

Peu importe d'ailleurs que le charbon symptomatique ait été connu des anciens et qu'il ait porté le nom de feu sacré ou tout autre; ces questions n'ont d'intérêt qu'au point de vue de l'histoire. La différenciation des affections charbonneuses était plus importante, mais aussi difficile à établir. De là l'embarras dans lequel se sont trouvés les hommes de la médecine vétérinaire, depuis Selleysel, Bourgelat, etc., jusqu'à nos jours. Chabert, le premier, a commencé à débrouiller l'immense chaos qui existait dans les affections charbonneuses; il a éliminé les affections putrides et septiques et a fait deux groupes de maladies charbonneuses, le premier à manifestations internes qu'il appelait *charbon interne* ou *fièvre charbonneuse*, le second, à localisation extérieure qu'il a nommé *charbon essentiel* ou *symptomatique;* il y avait déjà progrès, mais la nature essentielle restait encore à déterminer. Les symptômes généraux sur lesquels il se basait étaient ceux que l'on connaît aujourd'hui et sur lesquels nous reviendrons plus loin. En présence de cette différence dans les manifestations, des observations superficielles et spécieuses firent déclarer à certains auteurs que le *charbon symptomatique* de Chabert, n'était autre que la *fièvre charbonneuse,* venant se localiser dans les masses musculaires par suite de l'infiltration progressive du sang, chargé des éléments morbides dans les tissus. J'ai dit que cette observation était spécieuse; en effet, si l'on pense que l'apparition des symptômes généraux, tels que troubles dans la digestion, coliques légères, ballonnement du flanc gauche, précèdent de quelques heures, la manifestation de la tumeur, on pouvait admettre que cette graduation était la conséquence de l'infiltration qui se faisait vers la peau. C'était, dans l'esprit des anciens auteurs, une sorte de poussée de mouvement fébrile, qui s'opérait ainsi, pour des raisons de constitution, du plus ou du moins de force du mal.

Les théories s'étaient succédé depuis des années, quand M. Pasteur détermina la nature du charbon essentiel actuel, c'est-à-dire du *sang-de-rate*, affection qui consistait dans la présence dans le sang de bâtonnets qu'il a appelés *Bacillus Anthracis (Bactéridie charbonneuse)*. Les chercheurs se mirent en observation, et, en 1878, MM. Arloing et Cornevin, professeurs à l'Ecole vétérinaire de Lyon, et M. Thomas, vétérinaire de la Haute-Marne, se mirent à l'étude expérimentale des affections charbonneuses. Laissons la parole à ces trois savants.

« Dans le courant de 1878, nous nous mîmes à l'étude expérimentale des affections charbonneuses, et, un an après, au mois de novembre 1879, nous publiions dans le *Recueil de Médecine vétérinaire*, puis dans le *Journal de Médecine vétérinaire et de Zootechnie* de l'Ecole de Lyon, nos premières recherches sur la nature du *Charbon symptomatique*, où nous établissions nettement par l'expérimentation sa non-identité d'avec la *fièvre charbonneuse* ou *sang de rate*. En 1880, dans deux notes insérées dans les *Comptes-Rendus de l'Académie des Sciences*, nous faisions connaître le microbe spécial au charbon symptomatique et qui l'engendre, les caractères si nets qui le différencient du *Bacillus Anthracis*, son inoculabilité et l'heureuse propriété qu'il a de se transformer en vaccin quand on l'introduit dans le torrent circulatoire. »

La solution du problème était trouvée et l'obscurité qui, jusqu'à ce jour, avait régné sur cette importante question, était dissipée par ces brillantes recherches.

MM. Arloing, Cornevin et Thomas n'avaient pas seulement réussi à distinguer l'une de l'autre les deux sortes d'affections charbonneuses, ils avaient aussi trouvé le moyen d'opposer au charbon le charbon lui-même, de traiter le semblable par le semblable ; c'était incontestablement de l'*homéopathie pathologique*.

La théorie était corroborée par l'expérience et les partisans se montrèrent au grand jour. L'admiration ne fut pas seulement française, elle fut européenne, elle fut universelle, car à côté des professeurs allemands et autrichiens, nous trouvons les noms de vétérinaires exerçant en Algérie.

Après ces données, que j'appellerai historiques, après cet exposé de l'étiologie du charbon symptomatique, il nous reste à l'envisager : 1º au point de vue de ses nombreuses dénominations; 2º au point de vue de sa manifestation à l'extérieur; 3º sous le rapport de son traitement ancien; 4º enfin sous celui du traitement prophylactique par la vaccination.

Il est un autre point, côté scientifique de la question, que je laisserai à l'écart, en raison de l'importance de ce chapitre et de la difficulté créée par les manipulations microscopiques qui en sont la base ; j'ai parlé des lésions, des changements survenus dans l'économie animale quand la mort a fait suite à la maladie.

1º Nombreuses dénominations du charbon

En lisant cet exposé, quelques personnes se diront peut-être que cette maladie n'existe pas chez elles. J'aime à croire que toutes nos communes n'en subis sent pas les atteintes, mais combien nombreuses celles dont la population bovine est annuellement dé—cimée par ce fléau. Ici, il n'est pas rare que l'on perde, dans la même commune, 10, 15 ou 20 têtes de gros bétail dans une année, aux pluies de l'automne, par suite de *coup de sang gangrené;* mais il n'y a rien à faire, car, dit-on, c'est un air qui court.

Là, les pertes sont plus ou moins nombreuses et proviennent du même mal; mais au lieu de l'appeler coup de sang gangréné ou gangréneux, on l'appelle mal de jambe, pour la jambe; mal de cuisse, quand il porte sur cette région, et presque toujours à la face interne; mal d'épaule, avant-cœur ou anticœur, quand il se manifeste à la région scapulaire ou en avant de cette région et jusqu'au poitrail; étranguillon, quand il arrive en arrière de la mâchoire inférieure et sur les côtés de la gorge. Toutes ces expressions enfin, depuis le *black—leg* des Américains jusqu'au *quartier* ou *attaque* des Suisses, depuis le *rauschbrand* des Autrichiens jusqu'à notre *charbon symptomatique,* toutes ces expressions, dis-je, signifient la même maladie sous des modes différents de manifestation.

Pour simplifier, nous renfermerons toutes ces formes dans une dénomination générique, celle de *charbon bactérien,* à cause de la présence dans le sang et la sérosité des tumeurs, des bâtonnets si bien déterminés que l'on a appelés *bactéries* dans le cas qui nous occupe et qui occasionnent seuls le charbon.

Après cette énumération, il est facile de se rendre compte de la fréquence des cas et du nombre des localités où le mal recrute ses victimes. A cette affection terrible et à marche foudroyante, restée jusqu'à notre époque sans traitement efficace, on a trouvé le

remède, comme nous l'avons vu, et qui fera plus bas
l'objet de notre étude ; mais sachons dès maintenant
que l'âge des animaux susceptibles de le contracter
varie de six à dix-huit mois et deux ans.

2° Signes auxquels on peut reconnaître le charbon

Pour suivre l'ordre que je me suis tracé, je vais
entrer dans quelques considérations sur les signes
auxquels on peut le reconnaitre. La maladie a commencé ses ravages sans que, déjà, elle soit perceptible
à l'extérieur. Il est rare, en effet, au dire de MM. Arloing, Cornevin et Thomas, qu'elle débute d'emblée
par le développement de la tumeur. Tout d'abord on
constate de la fièvre, de l'indigestion, les animaux ne
mangent plus et ne ruminent plus ; presque toujours
et comme conséquence, il y a un peu de gonflement
dans le creux du flanc gauche et de légères coliques ;
ils tremblent, et ces tremblements se localisent particulièrement aux points de manifestation, les malades
se refroidissent, et le plus souvent, quand les membres
sont atteints, les animaux boitent, sans que l'on puisse
en trouver la cause

Avec de pareils signes, avec des prodromes en ap-
parence insignifiants, mais graves en réalité, on doit
concevoir des craintes sérieuses sur la terminaison
de la maladie ; car déjà, bien que quelques heures
seulement se soient écoulées, l'animal est presque
sûrement perdu. Puis la boiterie s'accentue et l'on
perçoit bientôt un gonflement d'abord insignifiant,
progressant à vue d'œil, très douloureux, perdant
ensuite de cette sensibilité au fur et à mesure que la

tumeur augmente, « sonore et crépitante comme une vessie remplie d'air. » Arrivée à ce période la maladie est presque toujours impitoyable et enlève les animaux en dix ou quinze heures, rarement plus.

Nous ne posons pas comme une règle absolue cette régularité dans la marche des symptômes; il peut y en avoir en moins, mais c'est presque toujours à ceux ci-dessus énumérés que l'on a affaire.

Nous venons de passer en revue les symptômes qui précèdent généralement la formation de la tumeur ou qui l'accompagnent. Mais dans l'intervalle qui sépare cette manifestation de la mort, puisque la mort est le plus souvent la terminaison de cette affection, nous avons à constater d'autres symptômes qui prouvent au praticien observateur que le mal fait à chaque instant de nouveaux ravages. La fièvre augmente tout naturellement et se traduit par une accélération du pouls qui bat 90 ou 100 fois par minute, par une respiration accélérée et plaintive. La peau devient chaude, le malade perd de ses forces et finit par ne plus faire attention à tout ce qui l'entoure. La faiblesse croissante l'abat, il se couche en position costale et s'allonge sur le sol. Comme on dit à la campagne : « il est couché en bête morte. » Nous arrivons là aux symptômes caractérisant spécialement la terminaison fatale; la raideur des membres et du corps en général se fait sentir et la peau tout à l'heure brûlante se refroidit : le *charbon bactérien* a fait son œuvre, grâce à ce que ses éléments constituants étaient doués d'une grande puissance, ou bien parce que le terrain sur lequel il a évolué était propice à son action meurtrière.

3° Traitement ancien

J'ai dit plus haut que la mort terminait presque toujours la marche de cette affection, malgré tous les moyens que l'on a pu essayer. La thérapeutique entière et la chirurgie se sont épuisées en efforts inutiles. Il est reconnu en effet que les cas de guérison qui ont été obtenus n'étaient imputables qu'à la faiblesse du virus charbonneux ou à la force de résistance des contaminés.

Je suis forcé, sous ce rapport, de m'en rapporter à l'expérience des vieux et des observateurs. De leur propre aveu, la guérison du charbon symptomatique ne peut être attribuée à aucun traitement, thérapeutique ou chirurgical, quelque prompt et complet qu'il soit. On a tout essayé. En cherchant, par la saignée, à combattre l'action désastreuse du sang, on a retiré aux malades le peu de forces qui leur restaient pour lutter contre le mal; mais en outre, dans ce cas, le sang que l'on retire, que l'on jette au premier endroit venu, et qui est chargé des éléments charbonneux, devient à son tour une cause importante de la propagation de la maladie.

Après ces premières observations, on a agi par tous les toniques, par tous les excitants possibles; leurs effets ont été négatifs. On a voulu dériver le mal par les frictions de toute nature et ces tentatives sont restées infructueuses. Les inflammatoires généraux ont été employés en pure perte. Quand on eut remarqué l'analogie qui existait entre les affections septiques et les affections charbonneuses, on pensa aux antiseptiques qui furent aussi vains que les autres agents médicamenteux.

Après avoir épuisé ces différents moyens, on avait espéré que les incisions circulaires et en croix, dans l'épaisseur de la tumeur, basées sans doute sur la marche envahissante du mal et suivies de l'application du feu, avec le cautère chauffé au blanc, donneraient une solution favorable. Là encore les praticiens se sont déclarés désarmés et impuissants.

De ce qui précède, nous ne pouvons conclure d'une manière absolue que ces divers moyens soient sans effets, mais il faut avouer qu'ils n'ont pu donner assez souvent de bons résultats, résultats dignes de fixer l'attention des vétérinaires. Encore faut-il tenir compte, dans ces cas, comme je le disais plus haut, du tempérament de l'animal prédisposé à résister à la maladie et du plus ou moins de force des éléments virulents. On objectera peut-être que cette appréciation est exclusive; nullement, et ce qui prouve que la constitution individuelle doit entrer en ligne de compte, c'est que des animaux ont été inoculés expérimentalement avec le sang d'animaux morts récemment du charbon, que cette inoculation a donné lieu à la manifestation des symptômes que nous connaissons, et que ces mêmes individus *ont parfaitement guéri*, rien que par le fait de la force médicatrice de la nature.

4° Traitement prophylactique par la vaccination

Dans un siècle comme le nôtre, rempli de célébrités et de gloires, on était en droit d'attendre de la science une solution sans retour, on devait croire que les études, si elles étaient longues, finiraient au moins par donner ce que l'on cherchait : un traitement sûr,

préventif ou autre à opposer à cette affection conta-
gieuse.

Ce traitement, nous le possédons actuellement ,
grâce aux éminents auteurs dont les noms ont été
cités. En étudiant l'action des éléments physiques sur
la *bactérie charbonneuse*, MM. Arloing, Cornevin et
Thomas, avaient particulièrement observé que les
températures plus ou moins élevées modifiaient sensi-
blement l'action du virus. D'après leurs remarques, le
virus frais tue d'autant moins vite les sujets d'expérience, qu'il a été plus et plus longtemps chauffé.

Si l'on veut que ce virus perde complètement son
action mortelle, il faut le chauffer pendant vingt mi-
nutes à 100 degrés. C'est par ce procédé que l'on ob-
tient les vaccins du charbon bactérien, en graduant
la température, suivant la nature du vaccin que l'on
veut obtenir. Chauffé à 100° pendant sept heures,
le virus devient vaccinal, c'est-à-dire qu'il peut être
inoculé sans inconvénients à l'animal, qui, dans ce
cas, est disposé à recevoir le second vaccin (virus
chauffé seulement à 85°) et capable de tuer l'individu,
puisqu'à cette température il a conservé ses effets
meurtriers.

Etablissons ici une proportion qui fera mieux com-
prendre la graduation. Le premier vaccin (virus
chauffé à 100°) est au second (virus chauffé à 85°) ce
que celui-ci est au charbon. Sans l'action du premier
vaccin, le second, et sans l'action de ce dernier, le
charbon, seraient mortels.

En résumé, voilà l'affection qu'il s'agissait de combattre et les signes auxquels il est possible de le recon-
naître ; nous avons vu les moyens que l'on a successi-
vement employés, sans résultats notables, avant la

révolution scientifique qui a permis de conserver à l'élevage tant de richesses.

Je vais passer maintenant à la description de la vaccination telle que je l'ai pratiquée les 15 et 26 novembre, sur huit génissons de six mois à un an, appartenant à M. Alphonse Mennereuil, cultivateur à Bosgouet, qui, tous les ans, compte en moyenne une ou deux victimes par suite du charbon.

Je m'empresse de remercier sincèrement cet intelligent cultivateur, pour l'abnégation dont il a fait preuve en se mettant ainsi à ma disposition. Il n'y avait rien à craindre, mais on hésite toujours à innover, surtout en matière de maladies contagieuses; aussi M. Mennereuil a-t-il droit à la reconnaissance de la médecine vétérinaire et de l'élevage, pour avoir osé, le premier dans notre département, marcher dans la voie du progrès.

J'ai eu le plaisir, en cette occasion, de voir que la solidarité et la fraternité des deux médecines, dont chacune de ces professions s'honore, ne sont point de vains mots. M. Delamarre, médecin à Bourg-Achard, a bien voulu se rappeler l'avis qu'avait publié le journal *La Risle* dans ses numéros des 8 et 15 novembre, et il est venu honorer de sa présence cette réunion tout agricole.

A tous les titres, je devais avoir pour m'accompagner, M. Buquet, vétérinaire délégué du département de l'Eure, vétérinaire sanitaire du canton de Routot, chevalier de la Légion d'honneur. M. Constantin fils, vétérinaire à Pont-Audemer, a eu aussi l'extrême obligeance de me prêter son concours pour la circonstance. Mon devoir est de remercier ces messieurs pour leur collaboration distinguée.

Si la partie agricole a eu peu de représentants, j'avoue, en revanche, qu'elle a été bien représentée.

La vaccination, comme je l'ai pratiquée, d'après les prescriptions mises en usage par nos trois savants vétérinaires, peut être divisée en deux parties : l'une préparatoire, l'autre constituant, à proprement parler, la vaccination.

A. Les vaccins, premier ou second, sont envoyés sous la forme solide et ne peuvent être injectés qu'à la condition d'avoir été dilués dans de l'eau distillée absolument pure. Un centimètre cube de ce vaccin mélangé avec dix centimètres cubes d'eau, suffit pour vacciner dix animaux de un an à dix-huit mois; au-dessus de cet âge, il est prudent de diminuer la quantité.

Il faut, pour cette préparation, plusieurs récipients préalablement passés à l'eau bouillante, de façon à éviter les complications septiques ou putrides ; l'un sert à la trituration, à l'aide d'un pilon, du vaccin humecté de quelques gouttes d'eau ; quand cette trituration est à peu près complète, on verse une quantité d'eau suffisante pour donner, après filtration, dix centimètres cubes de liquide vaccinal. Le deuxième récipient sert à recevoir ce liquide filtré.

B. Après ces temps préparatoires, le liquide peut être injecté sous la peau, où il remplira le rôle auquel il est destiné. Nous entrons ici dans les temps de l'opération. La vaccination, au début, au moment des premières expériences, se pratiquait à la cuisse, mais comme je l'ai fait prévoir, il peut se produire quelques rares cas de gangrène, et alors la vaccination est susceptible de devenir dangereuse. Depuis, et pour ces raisons, on a reporté le point d'inoculation à l'extrémité de la queue, sur cette partie que l'on appelle le *toupillon*.

Dans ce cas, si la gangrène se produit, elle a comme unique inconvénient de forcer à couper la queue. De deux maux, il faut savoir choisir le moindre, et il sera toujours préférable d'avoir dans son étable des génissons à queue coupée et possédant l'immunité charbonneuse, que des génissons avec la queue entière et exposés tous les jours à mourir du charbon.

Le premier temps de cette opération consiste à faire sous la peau, à l'aide d'une tige métallique en trocart, une piqûre destinée à recevoir la canule de la seringue contenant le liquide. Cette seringue, modèle Pravatz, contient cinq centimètres cubes ; le corps de la seringue est un cylindre en verre renforcé de tiges plates en métal. La tige du piston est graduée de un à cinq centimètres cubes et en dixièmes de centimètre cube ; en dehors se trouve ajusté un curseur à pas de vis, permettant de limiter la quantité du vaccin à injecter suivant l'âge et la force des animaux. La canule de la seringue s'adapte par frottement à l'autre extrémité de l'instrument. Le curseur étant posé au point voulu, il n'y a plus qu'à introduire la canule dans le trajet creusé par le trocart et à pousser le piston. Le liquide pénètre alors dans ce trajet et ne peut en ressortir, si on a eu la précaution de poser le bout du doigt au point où l'on a fait la piqûre, pendant et après l'injection du liquide.

Suivant ce qui a été dit ci-dessus, c'est le virus chauffé à 100° et ainsi préparé qui est inoculé le premier. La seconde vaccination, avec le virus chauffé à

85°, s'opère de même, mais la piqûre doit se faire à côté et un peu en arrière de la première, et dix ou douze jours après la précédente.

Quelques mots seulement sur les suites immédiates de la vaccination. Je dois l'avouer, cette opération ne me laissait pas l'esprit absolument tranquille, non pas au point de vue de l'évolution d'une affection charbonneuse, mais sous le rapport des manifestations gangréneuses. Un accident dans ce cas eût été déplorable, aussi bien pour le procédé que pour moi. Aussi je n'ai rien négligé et j'ai examiné les vaccinés d'une façon aussi irréprochable que possible. J'ai eu le bonheur de faire des observations en tout analogues à celles de MM. Arloing, Cornevin et Thomas. Comme dans leurs expériences, j'ai obtenu de la fièvre au bout du même laps de temps, et les symptômes fébriles ont disparu à peu de chose près dans les mêmes délais. Le tableau ci-joint pourra donner une idée de la façon dont la température a d'abord monté puis descendu chez chaque vacciné. Comme ces messieurs, j'ai obtenu autour de la piqûre un engorgement manifeste, survenu progressivement et ayant disparu de même ; au même point, j'ai eu un peu de douleur dont la décroissance était en corrélation exacte avec celle du gonflement. Les animaux ont toujours, dans les deux vaccinations, conservé le même appétit, la rumination a continué de s'opérer, comme avant chacune d'elles ; leur gaîté ne s'est point interrompue.

Résumons-nous. Nos sujets d'expérience ont eu à subir la douleur de la piqûre, pendant quelques heures, jusqu'à la cicatrisation ; leur température s'est notablement élevée (39° 5 en moyenne au lieu de 38° 5, température ordinaire chez le bœuf), mais ils n'ont pas cessé de manger.

Ces animaux possèdent-ils actuellement l'immunité charbonneuse ? Tout permet de le supposer, puisque les faits, en ce qui nous concerne, sont absolument les mêmes que ceux observés par les auteurs de la vaccination. C'est d'ailleurs l'avenir qui se chargera de nous répondre.

Par cet aperçu, les éleveurs, les cultivateurs pourront comparer, d'une part les dangers que peut amener la vaccination (à peine la mortalité de 1 % des animaux vaccinés, par suite de gangrène), et d'autre part, les ravages que le charbon, que le coup de sang gangréné ne cessera de faire dans nos pâturages, surtout à l'automne.

Je leur laisse le soin de conclure, fermement persuadé que je suis que ce moyen est appelé à rendre les plus grands services dans les endroits où le charbon se rencontre.

Pont-Audemer. — Imprimerie veuve Ernest DUGAS, Grande-Rue, 6.

TABLEAU SYNOPTIQUE

Des changements survenus dans la température des animaux vaccinés

Colonnes de température : groupe **PREMIÈRE VACCINATION** (15 nov. – 19 nov.) et groupe **DEUXIÈME VACCINATION** (26 nov. – 1ᵉʳ déc.), chaque jour comportant une colonne M. (matin) et S. (soir).

N°ˢ	AGE	SIGNALEMENTS	15 nov. M.	15 nov. S.	16 nov. M.	16 nov. S.	17 nov. M.	17 nov. S.	18 nov. M.	18 nov. S.	19 nov. M.	19 nov. S.	26 nov. M.	26 nov. S.	27 nov. M.	27 nov. S.	28 nov. M.	28 nov. S.	29 nov. M.	29 nov. S.	30 nov. M.	30 nov. S.	1ᵉʳ déc. M.	1ᵉʳ déc. S.	OBSERVATIONS
1	10 mois	Génisse rouge pie bringée.....	—	38°4	38°9	—	38°8	38°5	39°»	38°6	38°8	38°7	39°1	—	—	38°4	39°4	38°5	39°2	—	38°8	—	—	38°4	
2	1 an	Génisse pie baie, tête blanche..	—	38 4	39 2	—	38 8	38 8	38 6	38 5	38 7	38 6	39 »	—	—	38 6	39 »	38 6	39 »	—	38 9	—	—	38 5	
3	7 mois	Génisse pie blanche caille	—	38 8	39 »	—	39 5	38 4	38 7	39 2	38 5	39 »	39 3	—	—	38 8	39 1	38 8	39 2	—	39 »	—	—	39 »	
4	8 mois	Génisse bringée, tête blanche..	—	38 »	39 2	—	38 8	38 5	38 5	38 »	39 2	39 »	39 5	—	—	38 3	39 »	38 4	39 2	—	39 »	—	—	38 6	
5	1 an	Génisse pie bringée..........	—	38 »	39 2	—	39 4	39 »	38 9	39 2	39 2	38 8	39 4	—	—	39 »	39 2	38 6	39 6	—	39 2	—	—	39 »	
6	8 mois	Génisse bringée foncée.......	—	38 6	39 »	—	39 2	38 4	38 6	38 3	39 »	38 5	39 »	—	—	38 3	39 »	38 2	38 8	—	38 8	—	—	38 6	
7	8 mois	Taureau gris bringé.........	—	38 2	39 2	—	39 »	38 »	39 »	38 6	38 2	39 2	39 »	—	—	38 8	39 4	38 2	39 8	—	39 2	—	—	38 4	
8	10 mois	Génisse noire..............	—	38 2	39 2	—	39 2	39 2	39 2	39 2	39 4	38 9	39 6	—	—	39 6	39 7	39 4	39 4	—	—	—	—	—	Cette génisse fut conduite à la foire St-André le 30 novembre et vendue.

Comme on peut s'en rendre compte, il y a eu à la suite de ces deux opérations, un mouvement fébrile très prononcé; malgré cela, les animaux ont toujours mangé et ruminé. Leur gaieté et leur vigueur n'en ont point souffert. La température du 26 novembre pourrait surprendre quelques personnes; son exagération n'est imputable qu'à la grande agitation que les animaux se sont donnés quand on a voulu les prendre. Du reste la température du soir de la journée suivante le prouve, puisque ce n'a été que le 28 que l'élévation s'est accusée.

Les dernières températures de la première vaccination (19 novembre, matin) tiennent à ce que les sujets d'expérience avaient été mis en liberté, la veille, presque toute la journée, et avaient pris beaucoup de nourriture.